DEDICATORIA

A mi Esposa Rita y a mis hijos Gabriel y Andrea, mis baluartes para lograr todas mis metas.

PROLOGO:

Hace unos años cuando terminaba mi Maestría en Gestión de Proyectos, debí realizar como trabajo final de graduación el estudio y análisis de los Manuales de Operación y mantenimiento de una Planta de Generación de Energía hidroeléctrica, aquí comenzaron mis penurias, ya que al buscar bibliografía de lo que debía ser un Manual técnico para una empresa o industria me di cuenta que no existía mayor literatura que dos o tres párrafos "googleados" que me indicaran cuales eran los elementos básicos que debía contener un Manual de este tipo. Tuve que guiarme por Manuales ya hechos de diversas áreas o actividades industriales y con pocas o nulas referencias.

Si deseas hacer un manual técnico para un equipo o proceso de una industria sea esta una Fábrica de Artefactos eléctricos, un fabricante de autos o una Central hidroeléctrica no encuentras en la red un manual adecuado que te guie en la elaboración adecuada y sencilla de un documento de fácil lectura para el usuario final.

Con este Libro pretendo guiar al lector en la confección paso a paso de un Manual técnico básico sea de Operaciones o enfocado al mantenimiento para cualquier tipo de Industria.

INDICE

INTRODUCCION:

Qué pasaría si comprásemos una pantalla televisiva a plasma sin que tengamos un manual de instalación, operación y/o atención de fallas, creo que a no ser que seamos especialistas en este tipo de equipo, tardaríamos horas o días en conocer todas sus características o calidades, incluso algunas nunca las conoceríamos, por eso la importancia de contar con un documento que reúna las propiedades que describan de la mejor manera nuestro equipo.

Figura 1: Contar con un Manual para el desempeño de nuestras funciones facilita sobremanera las labores a realizar.

El manual adquiere mucha relevancia para las personas que pertenecen a una organización porque les muestra el cómo deben proceder con sus actividades dentro de su empresa

Un equipo, dispositivo, artefacto sin manual de Operación y/o mantenimiento puede propiciar a malas manipulaciones y por consiguiente la posibilidad de causar daños e incluso accidentes.

El Manual técnico es un instrumento que agrupa información relevante, así como las instrucciones y procedimientos de forma detallada y ordenada para realizar las actividades; define: quien, cómo, cuándo y dónde se van a hacer; los manuales técnicos especifican y detallan un proceso, los cuales conforman un conjunto ordenado de operaciones o actividades determinadas.

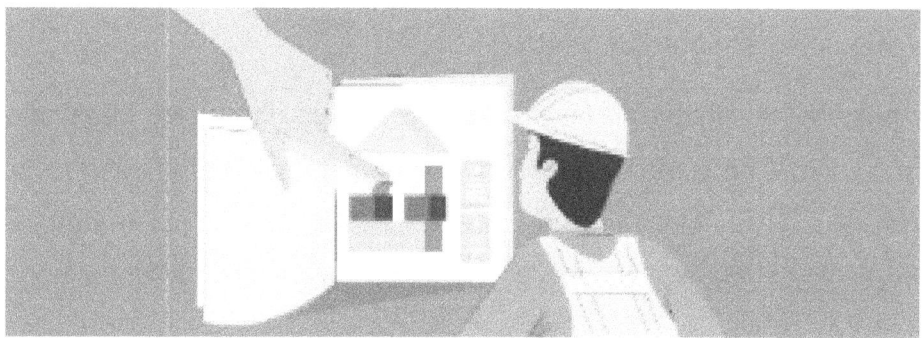

Figura 2: Todo Manual nos ayuda a intervenir con seguridad y Eficiencia los equipos a nuestro cargo.

1. ¿Qué es un Manual?

Los manuales son documentos de gran relevancia para una industria o empresa, debido a que se parte de estos para brindar la información necesaria a nuevos y antiguos trabajadores de la empresa, sin embargo, es importante determinar qué tipo de manual es el adecuado para nuestra compañía o emprendimiento, su complejidad varía dependiendo del caso, producto o servicio brindado, por tal, es importante definir el tipo de manual que el emprendimiento necesita.

Es importante establecer las definiciones y las diferentes clasificaciones de los manuales, de tal forma entender el tipo de manual requerido según sea la industria o actividad que estamos desarrollando. A continuación, algunas definiciones cortas que encontramos en la red:

1.1. Definición de Manual:

Un manual presenta sistemas y técnicas específicas. Señala el procedimiento a seguir para lograr el trabajo de todo el personal de oficina o de cualquier otro grupo de trabajo que desempeña responsabilidades específicas.

(Graham Kellog. Concepto Manual,
http://www.buenastareas.com/ensayos/Concepto-De-Manual/709603.html
2022).

Otra definición:

Se denomina manual a toda guía de instrucciones que sirve para el uso de un dispositivo, la corrección de problemas o el establecimiento de procedimientos de trabajo. Los manuales son de enorme relevancia a la hora de transmitir información que sirva a las personas a desenvolverse en una situación determinada. (Economía Gestiona a tu favor, 2014, https://economia.org/manual.php).

Igual existen normas como la norma internacional ISO 9001 para implementar un Sistema de Gestión de Calidad, donde indica el establecimiento de un Manual de Calidad, pero el cual basa su estructura en una guía que formula una serie de procedimientos para establecer la columna vertebral o el alma del sistema de gestión de calidad (SGC) de una compañía o industria. Este Manual está conformado principalmente por las políticas, objetivos y los procedimientos a utilizar

Las definiciones anteriores no nos dan detalle más que generales de cómo ha de ser un Manual técnico, trataremos de irlo definiendo en los siguientes apartados de este libro.

1.2. Objetivos de un Manual.

Los Objetivos de un manual serian principalmente. (Graham kellog, 2022)

a. Instruir al personal, acerca de aspectos tales como: objetivos, funciones, relaciones, políticas, procedimientos, normas.

b. Precisar las funciones y relaciones de cada unidad administrativa para definir responsabilidades, evitar duplicidad y detectar omisiones.

c. Servir como medio de integración y orientación al personal de nuevo ingreso, facilitando su incorporación a las distintas funciones operacionales.

e. Proporcionar información básica para la planeación e implementación de reformas administrativas.

Aparte de los anteriores podemos mencionar   más detalladamente para **manuales técnicos:**

f. Instructivo de Funcionamiento de un equipo o máquina.

g. Mantenimiento a realizar de dichos equipos.

h. Planos o esquemas.

i. Instrucciones de seguridad.

1.3. **Ventajas y desventajas de los manuales.**

Los manuales ofrecen una serie de posibilidades que nos reflejan la importancia de estos.

Sin embargo, se dan ciertas limitaciones, lo cual de ninguna manera le restan importancia.

Ventajas:

a. Es una fuente permanente de información sobre el trabajo a ejecutar.
b. Ayudan a institucionalizar y hacer efectivo los objetivos, las políticas, los procedimientos, las funciones, las normas, etc.
c. Evitan discusiones y mal entendidos, de las operaciones.
d. Aseguran continuidad y coherencia en los procedimientos y normas a través del tiempo.
e. Son instrumentos útiles en la capacitación del personal.

f. Incrementan la coordinación en la realización del trabajo.

g. Posibilitan una delegación efectiva, ya que, al existir instrucciones escritas, el seguimiento del supervisor se puede ajustar al control por irregularidades.

Desventajas:

a. Su deficiente elaboración provoca serios inconvenientes en el desarrollo de las operaciones

b. El costo de producción y actualización puede ser alto.

c. Si no se actualiza periódicamente, pierde efectividad.

d. Incluye solo aspectos formales de la organización, dejando de lado los informales, cuya vigencia e importancia es notorio para la misma.

e. Muy sintética carece de utilidad: muy detallada los convierte en complicados.

1.4. **Tipos de Manuales.**

Existen un sinnúmero de tipos de manuales para su estudio, entre los que podemos citar a continuación:

a. Organizacionales:

El objetivo de este manual es indicar en forma detallada la estructura organizacional formal mediante la descripción de los objetivos, funciones, autoridad y responsabilidad de los distintos puestos, y las relaciones.

b. De Políticas

Sin ser formalmente reglas, en este manual se determinan y regulan la actuación y dirección de una empresa en particular. El conocer de una organización proporciona el marco principal sobre el cual se basan todas las acciones.

c. Procedimental:

Para los funcionarios de cualquier empresa es una guía en el trabajo, en donde se indica cómo hacer las tareas y de mucha importancia para los que recién ingresan a la institución.

d. Contenido múltiple:

Es confeccionado cuando el volumen de actividades, de personal o simplicidad de la estructura organizacional, no justifique la elaboración y utilización de distintos manuales. En organizaciones pequeñas, se puede combinar dos o más conceptos en un manual de este tipo, para esto deben separarse en secciones.

e. De Adiestramiento o Instructivo

Este manual se desarrolla para establecer una guía en el aprendizaje de una tarea en especial o en el entrenamiento de personal, ya sea este antiguo en la empresa o de recién ingreso.

f. Técnico.

Presenta información sobre la operación o estructura de un determinado sistema o equipo específico y sobre su mantenimiento. Normalmente en el encontramos información gráfica, con breves indicaciones teóricas. Estos manuales explican minuciosamente como deben realizarse tareas particulares, tal como lo indica su nombre, da cuenta de las actividades técnicas.

g. Por función especifica

Este tipo de manuales, referencian a una función operacional específica a tratar, por ejemplo, Producción, Ventas, Servicio al cliente.

En este Libro nos enfocaremos al diseño de Manuales técnicos que permitan guiar al personal de una empresa o industria desarrollar sus funciones de una forma segura, ágil y estandarizada.

Figura 3: Un Manual técnico facilita la intervención de la maquinaria cumpliendo estándares de calidad y seguridad.

2. **Manual Técnico de Operación y/o mantenimiento.**

Una Central hidroeléctrica, una fábrica de equipo médico o un camión oruga reúnen Manuales que informan de su operación y/o atención de fallas, unos con mayor documentación que otros, pero deben contener una estructura básica que los caracterice de forma idónea.

Un Manual debe contar con una documentación técnica en algunos casos extensa y en diversos tópicos entre estos se encuentran: Planos, Manuales de Partes, Manuales de Operación y Mantenimiento, procedimientos y protocolos.

En esta sección nos referiremos exclusivamente a los Manuales de Operación y/o Atención de Fallas, objetivo general de nuestro libro.

Pasemos a la definición (Softgrade,2021)

Un manual de operaciones general es una guía de referencia que contiene toda la información sobre cómo funciona una organización. El propósito que persigue un manual de operaciones es introducir a cualquier persona interesada en conocer cómo se desempeña la organización, así como los elementos que la componen como: su contexto, la estructura, los puestos, los procesos y procedimientos, las actividades, las políticas y reglas establecidas, entre otra información relevante relacionada a su operación.

También contempla aquellas condiciones alternas o excepcionales que ocurren, a la ejecución normalmente esperada de la secuencia de actividades para conseguir un objetivo o resultado.

Usualmente las empresas tienen sus manuales de operaciones en documentos físicos o impresos, pero también hay aquellas que los implementan de forma digital en herramientas o plataformas de software en línea para facilitar su disponibilidad y acceso.

Ahora profundizando en lo que sería comúnmente un **Manual de Operación y/o mantenimiento** (Infraspeak ,2021) podemos mencionar los siguientes aspectos fundamentales:

El manual de Operación y mantenimiento (O&M) es un conjunto de instrucciones para la operación y el mantenimiento de una infraestructura, Fabrica o edificio, donde se incluye básicamente todo, desde la documentación del fabricante hasta los detalles sobre las acciones de mantenimiento, en función del tamaño del edificio, los equipos y, por supuesto, los requisitos del cliente. Se Piensa en la O&M como una guía del usuario o un manual del propietario.

Alguno de los contenidos que podrían ser incluidos son los siguientes:

a. Organigrama, información y antecedentes de la empresa
b. Descripción completa de la construcción del edificio o Infraestructura
c. Planos y las especificaciones de la infraestructura, incluidas las revisiones que se hayan llevado a cabo.
d. Informaciones sobre salud y seguridad en el trabajo.
e. Explicaciones detalladas de cada activo, incluyendo la ubicación, el fabricante, el modelo, las especificaciones (subtipo, color, etc.) y, si es posible, la vida útil prevista.

f. Programas de mantenimiento preventivo y predictivo, incluidos los calendarios, los procedimientos y los requisitos para hacer pruebas.

g. Procedimientos de emergencia que establecen las normas de seguridad y las personas y organizaciones que deben ser notificadas en caso de fallo.

h. Referencias al manual del fabricante o a guías que contengan información relevante.

i. Datos de contacto del fabricante y/o del proveedor.

j. Requisitos y pruebas para la puesta en marcha.

k. Garantías, seguros y certificados.

l. Requisitos para la desactivación, la demolición o la destrucción de equipos.

Los puntos anteriores pueden ser incorporados en su totalidad o no en un Manual de Operaciones eso dependiendo del grado de documentación, flexibilidad o atención inmediata que quiera manejarse en dicho manual.

En las figuras 4 y 4a se muestra un Manual de Operación y mantenimiento para un equipo en particular (Camión Articulado), el cual reúne condiciones adecuadas ya que incluye aspectos muy relevantes como seguridad, identificación técnica, Operación y Mantenimiento.

Figura 4
Manual de Operación y Mantenimiento Camión articulado.

Manual de Operación y Mantenimiento

735 y 740 camiones articulados

B1N1-Up
(máquina) B1P1-
Up (máquina)

SAFETY.CAT.COM

Caratula del Manual de equipo especial, se especifica modelo y tipo (Fuente: https://www.yumpu.com/en/document/view/54179939/manual-de-operacion-y-mantenimiento)

Figura 4 a
Contenido de Manual de Operación y Mantenimiento.

Contenido

Índice general donde se observa detalle de contenidos   importantes   como seguridad información técnica y operación (Fuente: https://www.yumpu.com/en/document/view/54179939/manual-de-operacion-y-mantenimiento)

Aspectos clave como la descripción técnica de los equipos, seguridad, operación y mantenimiento podemos encontrarlos en la figura anterior; los mismos formaran la base de un Manual técnico que nos enfocaremos en el resto de los capítulos.

En las figuras 5 y 5a a continuación también encontramos un Manual de Operación y mantenimiento de una Turbina de una Planta eólica (Planta Eólica Energía Chiripa-Costa Rica) el cual también reúne aspectos clave mínimos que cumplen con los requisitos mencionados anteriormente.

Figura 5.
Manual de Operación y Mantenimiento para una Turbina Eólica Planta Chiripa.

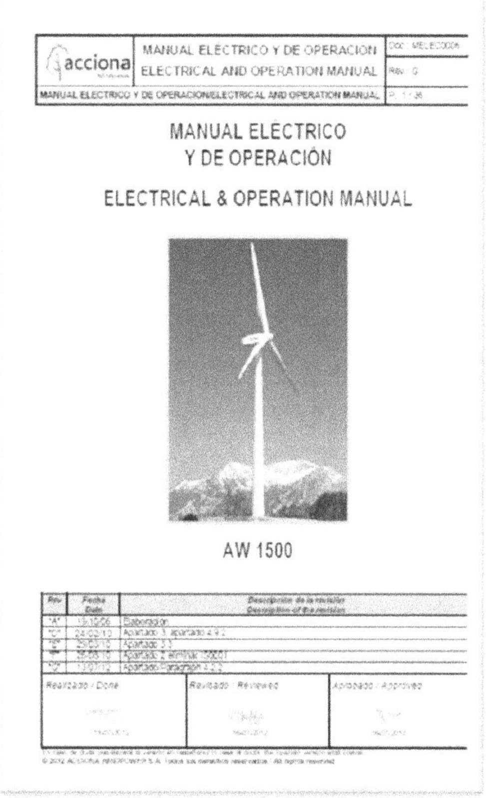

Manual de Turbina eólica desarrollado tanto en idioma ingles como español.
(Fuente: Planta Eólica Chiripa ,2011, Manual de Operación y Mantenimiento Aerogenerador AW1500, Tilarán)

Figura 5a

Contenido del Manual para una Turbina Eólica Planta Chiripa.

Se muestran los contenidos del Manual abarcando temas como seguridad, indicaciones técnicas, operación y mantenimiento. (Fuente: Planta Eólica Chiripa,2011, Manual de Operación y Mantenimiento Aerogenerador AW1500, Tilarán, Costa Rica)

Un Manual de Operación y mantenimiento que muestre los contenidos descritos en las figuras anteriores nos permitirá contar con un documento de valor informativo sea para personal que directa o indirectamente esté involucrado en la atención de un equipo o sistema en particular.

Adentrándonos en lo que sería una conformación típica de un manual y a manera de Guía, indicamos a continuación los aspectos clave que debería contener todo Manual:

a- Codificación o Taxonomía estandarizada. Un Manual guía de los procesos, en forma secuencial o sistematizada.

b- Descripción y características Técnica del equipo y proceso al que pertenece.

c- Seguridad: donde se anoten las precauciones y reglas básicas de seguridad, equipo a utilizar y/o situaciones peligrosas que pudieran estar presente.

d- Operaciones básicas normales y cotidianas del equipo: quien, como y cuando se deben realizar.

e- Operaciones básicas de emergencia: en caso de alguna situación fuera de la Operación normal.

El siguiente apartado lo podemos dividir en dos variantes: la primera enfocada al mantenimiento del equipo y/o la segunda a la atención de fallas comunes, esto dependerá del grado de profundidad a donde queramos llegar con nuestro Manual. Veamos:

f- Mantenimiento de los equipos: Se referirá a aquellas instrucciones del mantenimiento que debe brindarse a los elementos o equipos mencionados en nuestro manual.

f. 1. Fallas básicas: Se anotan las fallas o situaciones que pueden resolverse de una simple inspección, chequeo o resolución por parte de personal de operación sin que intervenga el personal de mantenimiento.

g- Anexos u otros documentos claves.

Cada uno de estos aspectos los detallaremos en los siguientes apartados.

Figura 6

Un Manual técnico puede incluir un apartado de mantenimiento y/o Atención de Fallas comunes.

MANTENIMIENTO PREVENTIVO DE SOFTWARE.

» Revisión de Instalación por Setup.

» Desfragmentación del Disco Duro.

» Liberación de memoria RAM.

» Liberación de espacio en Disco Duro

» Ejecución de Antivirus.

» Copia de Seguridad.

» Scandisk.

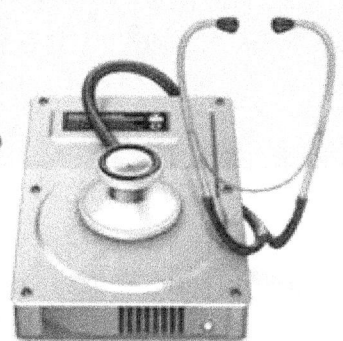

El mantenimiento parte cerebral de muchos manuales técnicos.

2.1. Manuales que no son tan Manuales:

Antes de pasar a las definiciones de lo que será nuestro Manual técnico es importante mencionar algunos Manuales que no son tan manuales.

Es muy difícil decir que Manuales no califican como un Manual técnico, ya que toda empresa o compañía tendrá sus políticas o directrices en la redacción o conformación de estos, sin embargo, podemos ejemplarizar algunos que quizás no cumplirían los aspectos mencionados en este documento.

A continuación, algunos de estos casos serian:

Manual de Procedimientos:

En algunas empresas se acostumbra a mencionar como Manual de Operacion a aquel que reúne todos los procedimientos o instrucciones, sin embargo, puede ser que entre los procedimientos se incluyan algunos que no son estrictamente técnicos u operacionales, por ejemplo, se incluyen procedimientos de nombramientos de recursos humanos, nombramientos de personal, estrategia empresarial entre otros, desvirtuando así lo que es un Manual técnico estrictamente de Operación y mantenimiento.

Manuales en Idiomas extranjeros:

Esta práctica, aunque ya casi en desuso, pero si conozco la existencia en algunos casos de Manuales en idiomas que no maneja ningún funcionario sea este de Operación, o de la parte técnica. Literalmente como dice el popular dicho "está escrito en chino" y así es.

Manuales de Fabricante:

En algunos casos se toma fielmente al pie de la letra el manual del fabricante, sin analizar el contexto de la empresa, es decir si el equipo adquirido forma parte de un sistema mayor donde otros elementos deben interactuar en tiempo y espacio. En estos casos el Manual del fabricante debe adecuarse a la realidad existente.

Manual estratégico o corporativo de Operación:

Llamar la estrategia empresarial como Manual de Operación, algunos manuales se refieren a la Política, misión, objetivos organizacionales, estratégicos, planificación como parte de un Manual operativo. Esto más bien debería llamarse Manual estratégico Organizacional u otro nombre que reúna una posición más macro de la empresa.

Manual descriptivo:

En algunas ocasiones se llama Manual de Operación a un manual descriptivo de las funciones de los equipos que componen cierto sistema o proceso, no ahondando en otras características como la misma operación, seguridad y/o mantenimiento.

No quiero encasillar que los manuales técnicos sean estrictamente a las definiciones dadas en este libro, pero si logramos ubicar nuestros equipos o sistemas bajo un estándar, las personas que vengan después tendrán un medio fácil de acceso a la información e inducción de lo que es la Operación y/o mantenimiento sin mezclarse con otras áreas de nuestra empresa.

3. Guía Práctica para confección de un Manual Técnico de Operación y/o Mantenimiento

Existen diferentes formas de desarrollar un Manual técnico, esto va de acuerdo con las decisiones técnicas o estratégicas de cada Industria o empresa. Aquí nos enfocaremos en una Guía práctica que reúna aspectos como los mencionados en el apartado anterior (páginas 18 y 19). Nuestro Manual va orientado a lograr un documento específico para un determinado equipo.

Nuestra obra estará conformada por los siguientes apartados:

1. Codificación o Taxonomía estandarizada. (Sección 3.1)
2. Descripción y características Técnicas del equipo. (Sección 3.2)
3. Seguridad: (Sección 3.3.)
4. Operaciones básicas normales del equipo: (Sección 3.4)
5. Operaciones básicas de emergencia: (Sección 3.5)
6. Mantenimiento de los equipos. (Sección 3.6)
7. Fallas básicas. (Sección 3.6)
8. Anexos u otros documentos claves. (Sección 3.7)

A continuación, el detalle de cada sección:

3.1. Codificación o Taxonomía:

Como primer paso antes de realizar o desarrollar un Manual Técnico sea de Operación y/o Mantenimiento es contar con una clasificación, codificación o más en lenguaje técnico lo que se conoce como taxonomía de los diferentes equipos en Planta que tenemos. Esto es muy importante para correlacionar todo equipo con un manual o descripción técnica.

¿Pero que es taxonomía?

La palabra **taxonomía proviene de los términos "taxis" y "nomía"**, los cuales significan **"ordenación"** y **"norma"** respectivamente. Se trata de la **ciencia de la clasificación** (métodos, principios y fines) que, habitualmente, se aplica en la biología con el fin de diseñar una ordenación jerarquizada y sistemática de los animales y los vegetales.

Aquí recae la **importancia de la taxonomía**, que en pocas palabras es el **proceso dedicado a organizar, clasificar y facilitar el acceso a la información sobre los activos.** Nuestra empresa estará siempre conformada por activos, (sistemas, equipos, elementos), En fin, podemos enlistar todos los elementos de una Fábrica, Planta, Taller bajo una codificación o taxonomía, de la cual podamos darles seguimiento a todos nuestros activos.

Existen varias formas de establecer una codificación o Taxonomía, la figura 7 nos muestra una Guía general de lo que sería la Taxonomía según norma ISO 14224 que podríamos aplicar a nuestra industria:

Figura 7

codificación o Taxonomía para una Industria.

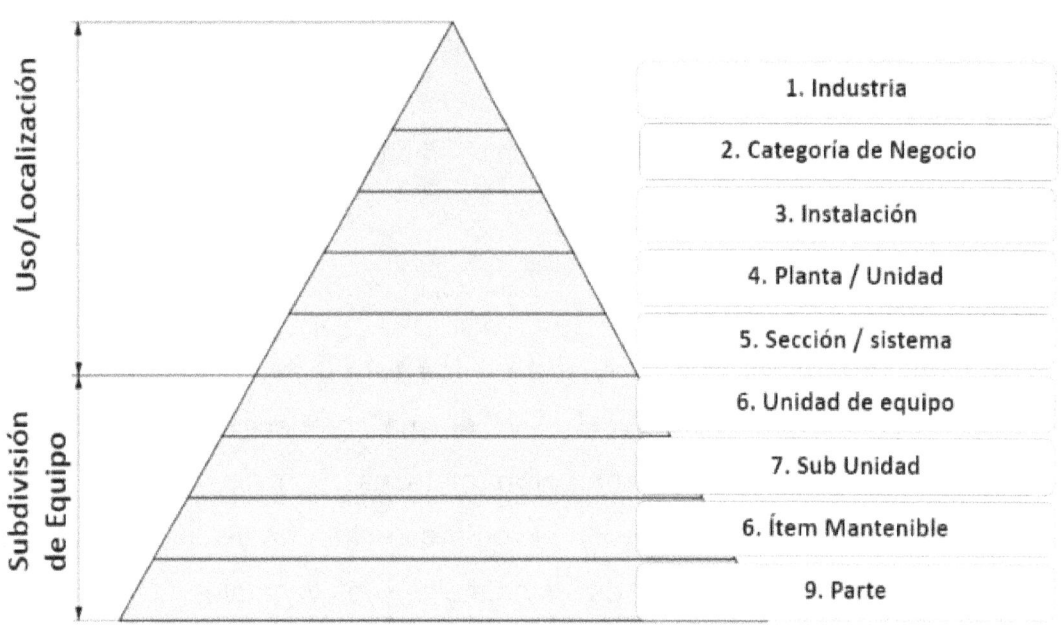

Taxonomía según Norma ISO 14224, se definen diferentes niveles que se pueden subdividir una empresa o Industria.

Para efecto de elaborar un Manual de Operación y/o Mantenimiento se ha determinado que hasta el nivel 7: (Función o equipo), es un nivel práctico para mantener una cohesión de Manual, ya que los niveles inferiores de la pirámide Subsistema, Ítem (componente) y parte pueden estar constituidos por infinidad de elementos haciendo no practico que a ese nivel se tenga un Manual de esta índole.

Tomemos como ejemplo una Planta de Energía eléctrica (que es el ámbito donde he desarrollado mi vida laboral). En la Tabla 1 se explica en detalle los niveles que determinan la codificación para un equipo determinado y por ende su respectiva identificación para un Manual.

Tabla 1:
Niveles que componen la Nomenclatura de un Manual de Operación para un equipo determinado.

Niveles	Descripción	Opciones
Nivel 1	Sector (Industria)	SE (Sector Energía)
		ST (Sector Telecomunicaciones)
Nivel 2	Negocio/Dirección	NG (Negocio Generación)
		NT (Negocio Transformador)
		ND (Negocio Distribución)
Nivel 3	Región	RN (Región Norte)
		RS (Región Sur)
		RCH (Región CHONTALES)
Nivel 4	Planta (Proceso)	ARE (AREQUIPA)
		PE (Peñas)
		SP (San Pedro)
		VAL (Valle)
Nivel 5	Subproceso	01 (Unidad 1)
		02 (Unidad 2)
		AU (Auxiliares)
Nivel 6	Función (Sistema)	CD (Conducción)
		SM (Sistema Motriz)
		SG (Sistema Generación)
		TUH (Turbina Hidráulica)
		GEN(Generador)
		AVR (Regulador de Voltaje automático)

Se muestra un ejemplo de Taxonomía para una Planta de energía eléctrica.

Esta Guía de Taxonomía está basada a su vez en la Norma ISO 14224:2016 (Industrias del petróleo, petroquímica y gas natural: recopilación e intercambio de datos de confiabilidad y mantenimiento para equipos) jerarquizada por 10 niveles

Por ejemplo, el Manual de Operación del Regulador de Voltaje (AVR) de la Unidad 1 de Planta Arequipa de la Región Chontales su taxonomía seria: (Ver Figura 8).

Figura 8

Taxonomía de Manual de Operación de Regulador Voltaje Unidad 01.

C

odificación Manuales de Operación mediante taxonomía versión 2018

(Fuente: Propia).

Entrando en más detalle.

Nivel 1: **Se** Sector Energía

Nivel 2: **NG** Negocio Generación.

Nivel 3: **RCH** Región Chontales

Nivel 4: **ARE** Planta Arequipa.

Nivel 5: **01** Subproceso Unidad 1.

Nivel 6: **SG** Sistema Generación.

Nivel 7: **AVR** Equipo Regulador de Voltaje.

La guía aquí expuesta es para Industrias de cierto tamaño relevante, nuestra taxonomía podría ser más pequeña, de acuerdo con las necesidades o especificaciones de la empresa que representamos. Por ejemplo, si tenemos una representación de Maquinas de soldar, los Manuales de Operación solo irán identificados por el manual o modelo de cada tipo de soldadora. (Figura 9).

Figura 9

Manual para una Maquina de soldar.

El Manual de Operación Dependerá del grado de complejidad de nuestra industria, en este caso del modelo de venta.

(https://grupoinfra.com/pagina/producto/358/MM-252)

3.2. Descripción y características técnicas del Equipo o sistema.

Denominamos datos o característica técnicas a la información que de forma espontánea u obligatoria es ofrecida por un fabricante, contratista o empresa para conocer los objetivos y características específicas de un bien o artículo en particular.

La ficha técnica como también le podemos llamar es un documento resumido donde se específica de manera directa las características principales de un producto o servicio

Entre los puntos informativos que se incluyen dentro de la ficha se encuentran datos del equipo o máquina, tales como descripción, código, fabricante, fecha de fabricación y otros datos de interés, como número de serie, modo de uso, cómo almacenarse, los ingredientes o elementos de fabricación, y hasta la manera correcta de transportarse, por ejemplo

Es muy importante que esta información ofrezca a los clientes o posibles usuarios del manual las calidades adecuadas u optimas de los mismos.

Las Figuras 10 y 11 nos muestran detalles de descripciones típicas para un determinado equipo o sistema.

En la figura 10 encontramos un típico afiche técnico de un Manual descriptivo para un Vehículo automotor, donde se detallan las calidades que permitirán al cliente que vehículo está adquiriendo.

La figura 11 por su parte indica las calidades técnicas del Generador de energía de una Planta hidroeléctrica, permitiendo a los usuarios o personal técnico la descripción detallada del equipo mencionado.

Cabe destacar que dependiendo del alcance o perfil del cliente así definiremos nuestro manual técnico. Es muy importante que el Manual que definamos contenga la información de una forma adecuada y clara.

Además, dentro de un mismo equipo podemos precisar diferentes tipos de Manuales técnicos: el de Uso cotidiano u Operacion, el de Mantenimiento.

Igualmente, si un Manual de Operación integra una diversidad de equipos, por cada elemento deberá ilustrarse un descripción técnica o caracterización.

Figura 10
Características Técnicas de Vehículo Automotor

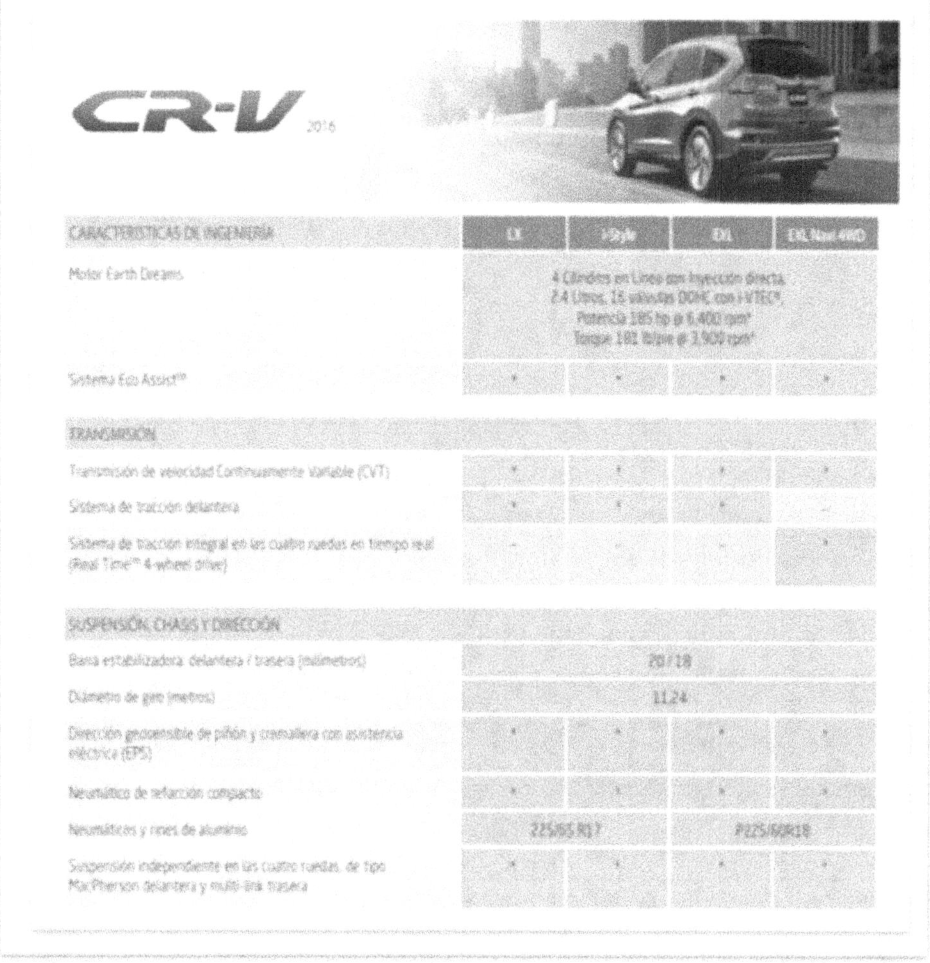

Parte de afiche descriptivo de Manual de Operación para un vehículo automotor.(https://www.honda.es/cars/owners/manuals-and-guides/honda-crv-owners-manuals.html)

Figura 11

Características técnicas de un Generador de Planta hidroeléctrica.

1. Nombre del Elemento	2. Descripción
Tipo generador	Sincrónico, trifásico, 20 polos, rotor de polos salientes, Mitsubishi Electric Ltda.
Cantidad polos Estator y Rotor	Rotor: 20 polos tipo salientes con núcleo de acero y bobinado en cobre con aislamiento clase F. Estator: 120 toneladas, núcleo de acero laminado y bobinas de cobre, estator de 192 ranuras
Potencia Aparente	61725 kVA
Potencia Nominal	52466 kW
Velocidad	360 rpm
Temperatura devanados del Estator	Alarma: 100ºC, Disparo: 105ºC
Voltaje y Amperaje nominal del Estator-Rotor	V: 13.8 V A: 2582 Amp V: 75 VCD Nominal A: 360 ACD Nominal
Cantidad intercambiadores en Estator	6 intercambiadores de calor (Aire-Agua)
Tipo enfriamiento en Estator y Rotor	Aire enfriado por agua
Tipo de excitación	Anillos colectores y transformador de excitación
Voltaje y Amperaje de excitación	375 V, 660 A
Temperaturas de Cojinetes	Superior: Max-55, Min-N/A Inferior: Max-55, Min-N/A Turbina: Max-55, Min-N/A
Tipo de aceite en lubricación de cojinetes	Los cojinetes van inmersos en aceite y su enfriamiento se realiza mediante intercambiadores de calor fabricados en cobre
Protecciones de generador	Las protecciones son de marca Siemens, documento normalizado numero 000002 septiembre 2008 Centro se servicio Huetar.
Medición por medio del ION	Modelo 7550. Contador de Energía, mediciones de las variables eléctricas (V, A, FP, Potencia activa y reactiva, harmónicos).
Tipo de frenado (segmentos, gatos, presión de trabajo)	El anillo del freno consta de 6 segmentos (Material SM4-1A) fuertemente atornillados al rotor y 6 gatos que se

	aplican en el frenado con aire a una presión aproximada de 7 Kg/cm2. 6 Zapatas de freno de material polimérico libre de asbestos. Tuberías de acero al carbono de varios diámetros y válvulas de accionamiento manual.
Nivel de aceite en cubas en cojinetes (alto y bajo)	Cuba de Cojinete Superior: Max-265, Min -170 Cuba de Cojinete Inferior: Max-410, Min-300 Cuba de Cojinete de Turbina: Max-200, Min-100
Calefacción del generador	Automático mientras este en reserva en frio y Local Apagado, cuando está en mantenimiento Anual
Curva de capabilidad	Cuando se aporta al sistema 25 MVAr Cuando se absorbe del sistema -20 MVAr
Frecuencia (Hz)	60 Hz

3. Elementos de protección	4. Descripción
Protecciones del generador(87G, 51EX, 21, ECT)	Diferencial del generador(87G), Sobrecorriente (51EX), Impedancia mínima (21)
Sobre corriente de bomba de levante	Disparo por sobrecorriente, sobrevoltaje, corto circuito
Disparo por embalamiento de velocidad	Disparo por sobre velocidad, activación de la Protección 86-2
Disparo por nivel de aceite	Disparo por bajo/alto nivel o presión de aceite
Disparo por temperatura	Disparo por alta temperatura

En la figura se muestra una descripción detallada de un Generador, como parte de un Manual técnico de Operación de una Planta de Energía. (Taxonomía ARDESA, 2018, Planta Arenal).

Las figuras anteriores son ejemplos de características técnicas donde se resaltan detalles como descripción básica, funcionamiento, modelo, y datos descriptivos del equipo o modelo.

se reflejan datos del equipo o máquina, tales como código, fabricante, fecha de entrada en la empresa, fecha de fabricación, descripción, situación en el almacén y otros datos de interés, como número de serie, etc. Se recogen aquí además, datos de contacto de las personas que suministraron el equipo, representantes de la zona, etc., que pudieran ser de interés ante cualquier avería o consulta. Existe una Ficha Técnica para cada equipo o máquina bajo mantenimiento.

3.3. Indicaciones de Seguridad:

Uno de los aspectos más relevantes de todo manual es contar con un apartado que indique las Medidas de Seguridad para un manejo adecuado de los equipos o sistemas que se contemplan en dicho manual. Especificaciones generales, y/o específicas, gráficos, descripción de señalizaciones, nunca estarán de más.

Entre las menciones más importantes que deben indicarse están.

- Condiciones generales de seguridad del equipo. Algunas de estas consideraciones: (esto varía según sea el equipo objeto)
  - Voltaje de Operación
  - Alguna legislación o aspectos obligatorios
  - Señalizaciones o Restricciones de uso.
  - Equipo en Manual o automático.
  - Manipulación del Equipo.
  - Si es material con alguna sustancia química cómo será su manipulación.

- Equipos de protección personal que son requeridos. Si amerita el uso de cualquier equipo de protección como: guantes, protección visual y/o auditiva, zapatos, trajes, casco, debe indicarse tanto el tipo como características mínimas de cada equipo.

- Condiciones atmosféricas: si se trabaja a la intemperie, condiciones climatológicas, como lluvia, rayería, temperaturas extremas, deben ser consideradas. Mencionar en que caso debe suspenderse la operación o utilización del equipo.

- Normas, procedimientos o protocolos obligatorios de cada empresa. (incluso podría ser necesario resaltar la capacitación mínima que requiere el Operador del equipo descrito en nuestro manual)

- Rutas de evacuación, extintores contraincendios, sitios restringidos.
- Almacenamiento del equipo: en lugares frescos, si ocupa de refrigeración, o si debe desecharse una vez usado (para el caso de sustancias).

- Aspectos relativos al higiene y limpieza.

- Cualquier otra consideración o medida que se considere necesaria.

Las figuras 12, 12A y 12B corresponden al apartado de Seguridad del Manual de Operación y Mantenimiento de una Elevadora eléctrica.

Figura 12

Instrucción Generales de Seguridad de un Equipo en particular.

3.2 INSTRUCCIONES GENERALES DE SEGURIDAD

3.2.1 Operadores

Los operadores deben ser mayores de 18 años y tener un permiso de operación emitid
por el empleador después de la verificación de la aptitud médica y pruebas prácticas d
funcionamiento de la plataforma.

○ Debe haber al menos dos operadores para que se pueda:

* Reaccionar rápidamente en caso de emergencia.

* Hacerse cargo de los controles en caso de accidente o avería.

* Controlar y evitar que vehículos y peatones se muevan alrededor de la
plataforma.

¡PRECAUCIÓN!

Sólo los operadores entrenados pueden utilizar esta máquina.

Aspectos de seguridad esenciales a nombrar en un Manual técnico.
(https://www.maquinariaspesadas.org/blog/221-manual-operacion-mantenimiento-
montacargas-hd-linde)

Figura 12.A

3.2.2 Condiciones de Trabajo

NUNCA USE LA MAQUINA SI:

- Sobre suelo blando, inestable o desordenado.
- En una pendiente que es mayor que la pendiente permitida.
- Con una velocidad del viento superior a los límites permitidos. Si se utiliza la máquina en exterior, utilice un anemómetro para comprobar que la velocidad del viento es menor o igual al límite permitido.
- Cerca de líneas eléctricas (buscar en la Tabla de Distancias Mínimas de acuerdo con la tensión).
- Con temperaturas ambientales de menos de -29 ° C (sobre todo en cámaras de frío), consultarnos si el trabajo se llevará a cabo a menos de -29 ° C.

Aspectos de seguridad esenciales a nombrar en un Manual técnico.
(https://www.maquinariaspesadas.org/blog/221-manual-operacion-mantenimiento-montacargas-hd-linde)

La seguridad es uno los aspectos más importantes en todo manual, no debe escatimarse en documentar cualquier indicación que sea relevante.

Importante: Toda instrucción o procedimiento debe definir quién es el responsable de ejecutar cada acción o tarea, debe definirse el alcance para cada operador o técnico.

Figura 12B.
Consideraciones de Seguridad

¡.2.3 Uso de la máquina

Es importante asegurarse del normal funcionamiento de la operación de la plataforma, e
decir, la tecla de selección tierra/ plataforma, paradas de emergencia, y teclera subida
bajada, más válvula de seguridad.

Siempre debe estar una persona presente y entrenada en la operación de emergencia
rescate desde tierra.

No utilice la máquina:

- Si la carga es superior a la carga nominal.

¡PRECAUCIÓN!

No utilice la máquina como una grúa, montacargas o ascensor de
carga.

Para evitar todo riesgo de caídas graves, los operadores deben cumplir con las siguiente
instrucciones:

- Sujétese firmemente la baranda cuando la máquina está en movimiento.
- Limpie todos los restos de aceite o grasa de los pasamanos, del suelo o de las manos.
- Use equipo de protección personal EEPP, adecuado a las condiciones de trabajo y las
  normas locales aplicables, en particular cuando se trabaja en áreas peligrosas.
- No desactive los sensores de seguridad de estabilizadores y mástil.
- Evitar golpear obstáculos fijos o móviles.
- No use escaleras u otros accesorios para aumentar la altura de trabajo.
- No utilice la baranda como medio de acceso para subir dentro o fuera de la plataforma

Las figuras 12, 12A y 12B muestran aspectos de seguridad importantes de
mencionar y podrían variar de acuerdo al equipo, elemento o sistema que se esté
identificando. (https://www.maquinariaspesadas.org/blog/221-manual-operacion-
mantenimiento-montacargas-hd-linde)

3.4. Operaciones básicas normales y cotidianas del equipo:

En este apartado deben definirse las Operaciones básicas del funcionamiento del equipo/s descrito/s en el manual.

¿Que conocemos como Operaciones Básicas?

Son las actividades que definen el proceso que incluiremos en el Manual, las cuales deben seguir una forma secuencial y ordenada.

Las operaciones básicas contienen la descripción de actividades que deben seguirse en la realización de las funciones para un equipo o sistema determinado. El manual incluye además los puestos o unidades técnicas que intervienen precisando su responsabilidad y participación.

Las Operaciones que definamos para nuestro Manual deben ir de la mano de la Taxonomía o codificación que mencionamos en el apartado 3.2. **Descripción y características técnicas del Equipo**.

Nuestro Manual podrá contener desde una sola Operación hasta infinidad de operaciones básicas y diversas.

Una Pantalla de Plasma televisiva, tendrá un Manual basado prácticamente en el encendido, operaciones de volumen, contraste, brillo, sintonización de canales. Por su parte una Manual de una Central hidroeléctrica deberá desarrollar infinidad de instrucciones, procedimientos y modos de Operación.

Las figuras 13 y 13A muestra un contenido o índice típico para las Operaciones generales que debe contener un Manual.

Figura 13
Índice de Manual de Operación y mantenimiento de una Planta eólica de energía.

La figura muestra los contenidos de un Manual de Operación donde se abarcan los equipos que componen la planta de energía. (Fuente: Planta Eólica Chiripa,2011, Manual de Operación y Mantenimiento Aerogenerador AW1500, Tilarán, Costa Rica)

Figura 13.A.

Continuación Índice Manual de equipos de una Planta Eólica energía eléctrica.

.

Al igual que la figura 13, en el cuadro se muestran los contenidos de los equipos que se detallan internamente en el Manual. (Fuente: Planta Eólica Chiripa,2011, Manual de Operación y Mantenimiento Aerogenerador AW1500, Tilarán, Costa Rica)

Un contenido habitual para el apartado de Operaciones básicas podría estar conformado por las siguientes secciones:

Introducción: descripción del equipo que contendrá el manual, aunque esto se haya mencionado en el apartado 3.2, sin embargo, en el caso de que sean varios equipos es importante describir cada uno por aparte.

Esquemas gráficos o fotografías de los equipos, donde se identifique cada parte del componente o equipo. En las figuras 14 y 15, se observa una manera sencilla de ilustrar las partes o componentes de un equipo. Los infogramas son muy útiles para brindar información al usuario.

Seguridad propia del equipo: algún punto específico que deba mencionarse con respecto a los equipos.

Funciones: Las capacidades propias para desempeñar las diferentes acciones para las cuales está estipulado el equipo

Operación Especifica: Explicación del manejo u operación de lo/s Equipos, sea mediante instrucciones sencillas o un procedimiento o protocolo más descriptivo.

Las operaciones especifican y detallan un proceso, los cuales conforman un conjunto ordenado de operaciones o actividades determinadas secuencialmente

Los procedimientos e instrucciones agrupan en forma detallada y ordenada las actividades; y deja en claro, quien, cómo, cuándo y dónde se van a hacer.

Las figuras 16 y 17 nos muestran un detalle de funciones, seguridad y operaciones sencillas, en este caso específicas para un vehículo. Estas operaciones se enfocan en la persona que conducirá el vehículo.

Figura 14:

Gráfico Descriptivo

1. Manubrio
2. Protección del Operador
3. Asiento y Cinturón de Seguridad
4. Contrapeso
5. Eje de Dirección, Ruedas/Neumáticos
6. Mástil y Soporte de Elevación
7. Apoyo para la Carga
8. Garfios
9. Eje de Tracción, Ruedas/Neumáticos

Descripción en detalle de los elemento o partes para un equipo. (Bright Montacargas
(https://www.brightcoop.com/wp-content/uploads/2015/06/Op_Manual-Spanish_2015web.pdf)

Figura 15
Descripción Grafica Tablero instrumentos Vehículo Nissan máxima

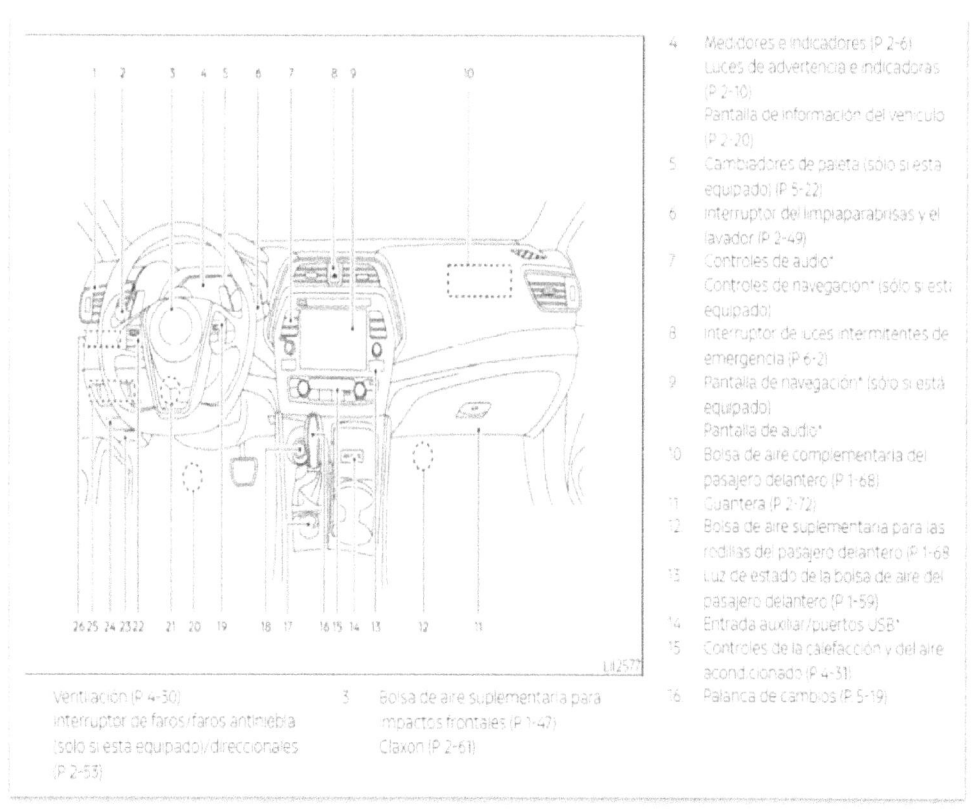

Manual de Propietario Nissan Máxima
20216https://carmanuals2.com/make/nissan/maxima).

Utilizar descripciones gráficas de los diversos elementos que componen el equipo o sistema será de gran ayuda para el lector de nuestro manual.

Figura 16
Lista de Operaciones Basicas para conduccion de un Vehículo

Manual de Propietario Nissan Máxima
20216https://carmanuals2.com/make/nissan/maxima).

La figura muestra operaciones básicas para el propietario de un vehículo Nissan Máxima, y cada una de estas se desarrolla en el interior del manual.

Figura 17

Detalle de una Operacion básica de un vehículo automotor.

DIRECCIÓN ASISTIDA

1 Aplique firmemente el freno de estacionamiento.

2 Mueva la palanca de cambios a la posición P (Estacionamiento).

3 Cuando este estacionado en una pendiente es recomendable girar las ruedas según se ilustra para evitar que el vehículo ruede en la calle.
- CUESTA ABAJO CON BANQUETA (A):
  Gire las ruedas hacia la banqueta y mueva el vehículo hacia adelante hasta que la rueda del lado de la banqueta la toque levemente.
- CUESTA ARRIBA CON BANQUETA (B):
  Gire las ruedas hacia el camino y mueva el vehículo hacia atrás hasta que la rueda del lado de la banqueta la toque levemente.
- CUESTA ARRIBA O ABAJO, SIN BANQUETA (C):
  Gire las ruedas hacia un lado del camino de modo que si el vehículo se mueve, se aleje del centro del camino.

4 Coloque el interruptor de encendido en la posición LOCK (Bloqueo).

⚠ ADVERTENCIA

- Si el motor no está en marcha o se apaga mientras maneja, el servomecanismo eléctrico de la dirección dejará de funcionar. La dirección se hará más dura.
- Cuando se ilumina la luz de advertencia de la dirección asistida con el motor en funcionamiento, no habrá asistencia eléctrica para la dirección. Aun así usted tendrá el control del vehículo, pero la dirección se hará mucho más dura. Haga que revisen el sistema de dirección asistida. Se recomienda que visite un distribuidor NISSAN para este servicio.

El sistema de dirección asistida está diseñado para proporcionar asistencia eléctrica mientras maneja para maniobrar el volante de la dirección con muy poca fuerza.

Cuando el volante de la dirección se maniobra repetidamente o continuamente mientras está estacionado o manejando a velocidad muy baja se reducirá la asistencia eléctrica para el volante de la dirección. Esto evitará el sobrecalentamiento del sistema de dirección asistida y lo protegerá para que no se dañe. Cuando la asistencia

Manual de Propietario Nissan Máxima 2016
https://carmanuals2.com/make/nissan/maxima).

La figura muestra un pequeño procedimiento para el caso de conducción asistida de un vehículo.

En este caso es una instrucción unidireccional explicada en un Manual de propietario ya que será aplicada únicamente a la persona que conduce el vehículo.

Para manuales de una mayor profundidad técnica, como el caso de un Manual técnico de Operación de una Planta industrial o una Central de energía, los manuales requerirán de procedimientos o instrucciones más elaboradas.

(ver Anexo C: Formato de Procedimiento)

Respecto a la utilización de procedimientos o instrucciones de trabajo, si utilizamos un formato preestablecido, incluso si nos enfocamos en un sistema de Gestión de Calidad, hará que nuestro Manual obtenga un plus o valor agregado.

3.5. **Operaciones básicas de emergencia.**

Puede darse en el manejo de algunos equipos situaciones que no estén dentro del ámbito normal de funcionamiento, por lo que es recomendable incluir un apartado o sección que describa en forma clara la atención de situaciones fuera de eventos normales.

Al igual que las operaciones básicas debe definirse a través de instrucciones o procedimientos donde se detalle claramente quien y como atiende la emergencia, sin correr riesgos innecesarios.

Como operaciones básicas de emergencias podemos citar los siguientes ejemplos:

Una Planta de emergencia Diesel activada a funcionar siempre en automático, pero por alguna razón no se activa el control automático; el Operador debe saber operarla en manual.

Al arrancar una Unidad generadora en una Planta de energía el sistema normal conocido como SCADA (Sistema de control, supervisión y monitoreo por sus siglas en inglés) no acciona, el Operador debe saber arrancar la Unidad en sistema alterno de Panel de Control.

Cuando un vehículo debe ser conducido en condiciones extremas como nevadas, ventiscas, lodo entre otras; la operabilidad debe extremarse.

Las Operaciones no catalogadas como normales pueden ser documentadas en el mismo apartado de Operaciones básicas, eso sí identificado que son bajo condiciones de emergencia.

En la figura 18 se muestran instrucciones en caso de atender una operación considerada como emergencia.

Figura 18
Instrucciones Básicas en caso de operación de Emergencia.

CONDUCCIONES ESPECIALES DE CONDUCCIÓN

Condiciones de conducción peligrosas

Si encuentra condiciones de conducción peligrosas, tales como agua, nieve, hielo, barro, arena o similares, siga estas sugerencias:

* Conduzca con cuidado y deje más distancia para frenar.
* Evite movimientos bruscos al frenar o con el volante.
* Cuando frene sin ABS, bombee con el pedal del freno con un ligero movimiento hacia arriba y hacia abajo hasta que el vehículo se detenga.

⚠ ADVERTENCIA - ABS
No bombee con el pedal de freno en un vehículo equipado con ABS.

* Si está bloqueado en la nieve, en el barro o en arena, utilice la segunda velocidad. Acelere suavemente para que no patinen las ruedas motrices.
* Cuando esté bloqueado en el hielo, en la nieve o en el barro, utilice arena, sal, cadenas para los neumáticos u otros materiales no deslizantes.

⚠ ADVERTENCIA
- Reducción de marcha
Reducir de marcha con cambio automático cuando se circula por superficies deslizantes puede provocar un accidente. El brusco cambio de velocidad en los neumáticos puede hacer que éstos patinen. Tenga cuidado al reducir de marcha en superficies deslizantes.

Reducción del riesgo de vuelco

Este vehículo de pasajeros multiusos se define como vehículo utilitario deportivo (SUV). Los SUV tienen una mayor distancia al suelo y un ancho de vía más estrecho que los hacen capaces de funcionar en una gran variedad de usos en la calzada. Las características de su diseño le proporcionan un mayor centro de gravedad que los vehículos normales. Una ventaja de su distancia al suelo es una mejor visión de la carretera, que le hace anticiparse a los problemas. No están diseñados para tomar curvas a la misma velocidad que los vehículos convencionales de pasajeros. Debido al peligro, se recomienda al conductor y a los pasajeros que se abrochen el cinturón de seguridad. En un vuelco, una persona sin cinturón tiene más riesgo de muerte que una persona que sí lleva el cinturón. Hay algunas pasos que el conductor puede seguir para reducir el riesgo de volcar. Si es posible, evite los giros o maniobras bruscas, no cargue con mucho peso la baca y nunca modifique su vehículo.

(Fuente: CAR MANUAL2, https://carmanuals2.com/make/kia/sorento Manual de Propietario Kia Sorento 2016)

3.6. Mantenimiento y Atención de Fallas Comunes:

Este apartado reúne las actividades propias del mantenimiento de los equipos que se reúnen en nuestro manual, así también podría agregarse una sección de la atención de fallas que en primera instancia atenderá el operador del equipo sin incurrir al personal de mantenimiento.

Este apartado debería contener algunos o la mayoría de los siguientes aspectos:

- Taxonomía: identificación de acuerdo con la codificación que hemos definido para los elementos o equipos y que deban brindársele mantenimiento.

- Herramienta adecuada: debe ilustrarse la herramienta que se considere necesaria para intervenir o realizar los mantenimientos.

- Plantillas de inspección o Listas de Verificación: Descripción de aspectos a ser revisados sea diariamente o en periodos de uso.

- Mantenimientos periódicos: Descripción en detalle de las actividades e intervenciones a los equipos, indicándose si es personal especializado o no.

- Procedimiento o instrucción: Instrucciones de trabajo paso a paso describiendo las acciones que deben realizarse a los equipos.

- Atención de Fallas: Algunos manuales incluyen un listado de fallas o averías más factibles de atender directamente por el personal operador del equipo.

Algunos de estos temas los podemos ver en las Figuras 19 a 22:

Figura 19
Inspecciones Periódicas

Mantenimiento		1.°	2.°	3.°	4.°	5.°	6.°	7.°	8.°	9.°	10.°	11.°	12.°
Funcionamiento de la dirección y articulaciones	Excepto abajo	I		I		I		I		I		I	
	Chipre/ Malta	I	I	I	I	I	I	I	I	I	I	I	I
Aceite de transmisión manual		Cambie cada 180.000 km.											
Suspensión delantera y trasera, juntas esféricas y juego axial de cojinete de rueda			I		I		I		I		I		I
Fundas protectoras de eje impulsor			I		I		I		I		I		I
Cubierta protectora del calor del sistema de escape		Compruebe cada 80.000 km o cada 5 años.											
Pernos y tuercas del chasis y carrocería			T		T		T		T		T		T
Condición de la carrocería (por oxidación, corrosión y perforaciones)		Inspeccione anualmente.											
Filtro de aire de la cabina (si fuera el caso)			R		R		R		R		R		R
Neumáticos (incluyendo neumático de repuesto) (con ajuste de presión de aire)*9		I	I	I	I	I	I	I	I	I	I	I	I
Juego de reparación de neumático de emergencia (si existiera)*10		I	I	I	I	I	I	I	I	I	I	I	I
Autocomprobación con el sistema de diagnóstico modular de Mazda (M-MDS)*11*12 SKYACTIV-G	Ucrania	I	I	I	I	I	I	I	I	I	I	I	I

Símbolos de cuadros:

I: Inspeccione: Inspeccione y limpie, repare, ajuste, llene o cambie si fuera necesario.
R: Cambie
L.: Lubrique
C: Limpie
T: Apriete
D: Drene

Lista de chequeo o inspección periódica (Fuente: Manual de Propietario Mazda 6-https://carmanuals2.com/make/nissan/Mazda 6).

En el cuadro anterior (figura 19) podemos observar lo que es un cuadro de inspecciones periódicas, es decir lo que definimos como Mantenimiento predictivo o preventivo, para efectos de documentación en un manual técnico se vuelve de gran importancia detallar estas inspecciones, donde se indica los elementos a monitorear o dar seguimiento.

Figura 20

Programa de Mantenimiento:

Programa de intervalos de mantenimiento

Nota: Antes de realizar cualquier operación o cualquier procedimiento de mantenimiento, debe haber leído y comprendido toda la información de seguridad, las advertencias y las instrucciones.

Antes de realizar el mantenimiento correspondiente a un intervalo, se deben realizar todos los requerimientos de mantenimiento del intervalo anterior.

Cuando sea necesario

Respiradores de los ejes - Limpiar/Reemplazar ... 119
Baterías - Reciclar ... 120
Batería o cable de batería - Inspeccionar/Reemplazar ... 120
Aire del cilindro de extensión de la pluma - Purgar ... 125
Pluma y bastidor-Inspeccionar ... 128
Disyuntores - Comprobar ... 131
Tapa de presión del sistema de enfriamiento - Limpiar/Reemplazar ... 137
Elemento primario del filtro de aire del motor - Limpiar/Reemplazar ... 142
Elemento secundario del filtro de aire del motor - Reemplazar ... 145
Sistema de combustible - Cebar ... 151
Tapa del tanque de combustible - Limpiar ... 153
Fusibles y relés - Reemplazar ... 154
Filtro de aceite - Inspeccionar ... 159
Freno de estacionamiento - Ajustar ... 159
Núcleo del radiador - Limpiar ... 160
Depósito del lavaparabrisas - Llenar ... 169
Limpiaparabrisas - Inspeccionar y reemplazar ... 169

Cada 10 horas de servicio o cada día

Alarma de retroceso - Probar ... 119
Sistema de frenos - Probar ... 129
Nivel del refrigerante del sistema de enfriamiento - Comprobar ... 136
Nivel de aceite del motor - Comprobar ... 145
Separador de agua del sistema de combustible - Drenar ... 151
Agua y sedimentos del tanque de combustible - Drenar ... 154
Indicadores y medidores - Probar ... 157
Cinturón de seguridad - Inspeccionar ... 163
Inflado de los neumáticos - Comprobar ... 164
Nivel de aceite de la transmisión y del sistema hidráulico - Comprobar ... 167
Par de Apriete de las Tuercas de las Ruedas -

Cada 50 horas de servico
Sección del cabezal de la pluma – Lubricar ... 124

Cada 100 horas de servicio o cada mes
Indicador de estabilidad longitudinal - Probar ... 158

Cada 250 horas de servicio
Muestra de aceite del motor- Obtener ... 145

500 horas iniciales (para sistemas nuevos, sistemas vueltos a llenar y sistemas convertidos)
Muestra de refrigerante del sistema de enfriamiento (Nivel 2) - Obtener ... 136

Cada 500 horas de servicio
Muestra de refrigerante del sistema de enfriamiento (Nivel 1) - Obtener ... 135
Muestra de aceite del diferencial - Obtener ... 140
Muestra de aceite de los mandos finales - Obtener ... 150
Muestra del aceite de la transmisión y del sistema hidráulico - Obtener ... 168

Cada 500 Horas de Servicio o Cada 6 Meses
Tensión de la cadena de la pluma - Comprobar/Ajustar ... 122
Eje de pivote de la pluma - Lubricar ... 125
Filtro de aire de la cabina - Limpiar/Reemplazar ... 130
Nivel del aceite del diferencial - Comprobar ... 140
Estrías del eje motriz - Lubricar ... 141
Pernos de la unión universal del eje motriz - Comprobar ... 142
Elemento primario del filtro de aire del motor - Limpiar/Reemplazar ... 142
Elemento primario del filtro de aire del motor - Reemplazar ... 145
Elemento secundario del filtro de aire del motor - Reemplazar ... 145
Aceite y filtro del motor-Cambiar ... 146
Nivel de aceite de los mandos finales - Comprobar ... 149
Pasador del cilindro de nivelación de la horquilla - Lubricar ... 150
Pasador del cilindro de nivelación del bastidor - Lubricar ... 151
Elemento del separador de agua del sistema de combustible - Reemplazar ... 152
Indicador de estabilidad longitudinal - Calibrar ... 158
Polea de la cadena de extensión de la pluma - Lubricar ... 160
Polea de la cadena de retracción de la pluma - Lubricar ... 160
Cojinetes del estabilizador y del cilindro - Lubricar ... 163

Parte de un programa de mantenimiento (Fuente: Manitowoc, https://www.manitowoc.com/es/manuales, Manual de Operador Grúa CD20 2022.)

En la tabla anterior se detalla el programa de los mantenimientos para un equipo en particular, hacer esto y de la forma más explícita ayudara mucho al personal de mantenimiento para consulta y seguridad en las funciones que desarrolla.

En el Anexo B, damos una breve explicación de lo que es el Mantenimiento y las diversas áreas que abarca.

Figura 21
Las indicaciones de Mantenimiento se verán mejor transcritas si utilizamos procedimientos o Instrucción de Trabajo.

Cambie el filtro de la transmisión

Debe estar debajo del vehículo para este procedimiento. Tome las precauciones de seguridad necesarias. Vea *Seguridad en la página 6-7*.

Si el indicador está rojo, reemplace el filtro de transmisión de la siguiente manera:

1. Aplique el freno de estacionamiento y apague el motor.

2. Ubique el filtro de la transmisión en el lado derecho del motor (Figura 6-13).

Vea la Figura 6-14 para el resto de los pasos.

3. Coloque un recipiente adecuado debajo del filtro para recoger el aceite.

4. Cambie el elemento de filtro:

   a. Con una llave, gire el tazón del filtro para sacarlo del colector.

   b. Retire y descarte debidamente el elemento del filtro.

   c. Limpie el tazón del filtro y la superficie montaje en el colector del filtro.

   d. Asegúrese de que los sellos en el colector del filtro y en el elemento nuevo no estén dañados.

   e. Aplique una pequeña cantidad de aceite de transmisión a los sellos.

   f. Instale el elemento de filtro nuevo en el colector del filtro.

   g. Instale y apriete el tazón del filtro.

Utilizar procedimientos es de gran facilidad para el Usuario. (Fuente: Manitowoc, https://www.manitowoc.com/es/manuales, Manual de Operador Grúa CD20 2022.)

Figura 22

Dar un Listado de fallas más comunes y su forma de atención será de gran utilidad al usuario.

	Fallas	Método de Soluciones
La plataforma no sube	El voltaje es demasiado bajo.	Comprobar el potencial eléctrico del motor de arranque, cuando hay sobrecarga de trabajo del motor, el rango de fluctuación de tensión está entre ± 10%.
	El motor no funciona.	Compruebe el motor y el circuito eléctrico.
	Reversa del motor.	Cambio de polaridad.
	Fase del motor (el motor no se mueve y hay zumbido).	Compruebe los interruptores de circuito y cableado eléctrico.
	Válvula de descenso abierta.	Cuando el botón de "Bajar", utilice un medidor de tensión para detectar si en la válvula de descenso tiene o no electricidad, si no hay, detectar el circuito y la solución de problemas; si hay, por la falta de facultad de excluir la reducción de fallas en la válvula, se solicita reemplazar la válvula de descenso. La lubricación de la válvula de descenso debe mantenerse limpio, flexible y móvil.
	La válvula de alivio de la presión es demasiado baja.	Para ajustar la válvula de alivio de presión, debe hacer el ajuste cuando la carga es de 110%.
	El nivel de aceite es demasiado bajo la bomba, puede succionar aire.	Aumentar el aceite hidráulico.
	Obstrucción del filtro de aspiración.	Limpiar el filtro.
	Fuga segmento de succión.	Comprobar la tubería de aspiración y accesorios, apriete la conexión, si es necesario, sustituir el conector.
	Sobrecarga.	Reducir la carga. Se prohíbe la sobrecarga.

Fallas comunes para atención de Grúa Elevadora (Fuente: Manual Operación y Seguridad Elevadora Modelo Mini M60 .WWW.ALOLIFT.COM)

El apartado de mantenimiento cobra gran relevancia en un Manual técnico y el mismo debe ser desarrollado por especialistas de los equipos que son intervenidos. La experiencia, documentación existente y desarrollo técnico deben ser incorporados a todo manual de Operación y mantenimiento.

3.7. Anexos u otros documentos claves:

Como parte final de un Manual técnico, están los anexo o apéndices.

Los Anexos, serán cualquier contenido extra que pensemos que pueda ser de utilidad al usuario, pueden ser desde Tablas, gráficos, descripciones más detalladas de algún ítem del cuerpo del manual, resúmenes, etcétera.

Como parte de este mismo manual y a manera de ejemplos desarrollaremos seguidamente varios anexos que nos servirán además como parte explicativa de este libro.

Los anexos que se exponen son los siguientes.

ANEXO A: Resumen de Manual de Operación y atención de fallas para una Central Hidroeléctrica de energía.

ANEXO B: Nociones de Mantenimiento:

ANEXO C: Formato Procedimiento

ANEXO C: Glosario Técnico.

3.7.1 Anexo A:

Propuesta de Manual de Operación y Atención de Fallas comunes de una Planta hidroeléctrica.

Este Anexo enfoca una propuesta de un nuevo Manual de operación y atención de fallas comunes para una Planta de energía eléctrica, puede ser esta Hidráulica, eólica o cualquier tecnología aplicable. para esto primero se debe formular un Manual para cada equipo de la Central de Energía y después la unificación de todos estos manuales bajo un solo Tomo o documento. Esto se desarrollará de la siguiente forma:

Taxonomía de equipos: Tal como se ha mencionado el Manual general se subdividirá en Manuales acorde a la Taxonomía definida para una planta hidroeléctrica, con lo cual se estaría conformando un solo volumen conteniendo la totalidad de los manuales según los equipos que conformen la central.

Las figuras A1 y A2 (la nomenclatura cambia inclusive al ser ya figuras o cuadros de un Anexo) muestran la forma y contenidos de los que estaría sujeto cada manual.

Desarrollo de Cada Manual: Cada Equipo contendrá un Manual que contendrá las siguientes partes constitutivas, de acuerdo con toda la teoría que hemos descrito

a- Codificación o Taxonomía estandarizada.

b- Descripción y características Técnicas del equipo y proceso al que pertenece.

c- Instrucciones de seguridad: donde se anoten las precauciones y reglas básicas de seguridad, equipo a utilizar y/o situaciones peligrosas que pudieran estar presente.

d- Operaciones básicas normales y cotidianas del equipo:

e- Operaciones básicas de emergencia: en caso de alguna situación fuera de la Operación normal.

f- Fallas básicas: Situaciones que pueden resolverse de una simple inspección.

g- Anexos necesarios.

Manual unificado de Operación y Mantenimiento:

Una vez desarrollados todos los manuales según taxonomía, se unificarán en uno solo para lo cual el cual adaptaremos en un Manual de Operación donde se incluyen los siguientes aspectos claves:

a- Código del Manual en el Sistema Integrado: aplicando la Taxonomía de la Planta o industria.

b- Versión del Manual. cada vez que se hagan cambios se utilizara una nueva versión, para esto se enviara a revisión 1 o 2 veces al año.

c- Propósito General del Manual: Sirve para definir el tema, la finalidad, para complementar o ampliar la información dada en el título del documento.

d- Alcance General del Manual: define específicamente que áreas o actividades que cubre el Manual y sus limitaciones.

e- Introducción: Exponer de manera clara y ordenada lo que se pretende con el manual, un resumen ejecutivo y que incluye el mismo.

f- Organigrama de la Central: visualizar las jerarquías y dependencias que están más relacionadas en la empresa para la cual estamos elaborando el manual.

g- Control de Cambios: cuando se realiza un cambio en el manual especificar cual/es fueron los últimos cambios realizados en el mismo. Detalle anterior y actual.

h- Control de Elaboración, aprobación y Revisión: Indicar que funcionarios elaboraron el Manual, quienes lo revisaron y quienes lo aprobaron.

i- Desarrollo: contiene todos los Manuales de todos los equipos y bajo el formato recomendado en este texto.

j- Documentos aplicables: Debe contener una lista completa de todos los documentos indispensables para la utilización del documento. Los documentos a los que se hace referencia deben citarse con sus códigos y sus títulos completos.

k- Anexos Generales: Pueden incluirse tablas, gráficos, cuadros, incrustaciones de documentos, diagramas, documentos entre otros.

En nuestro manual o documento Unificado agregaríamos los puntos anteriores como parte de un documento general.

En las figuras A.3 y A.4, se detalla la conformación de lo que sería el Manual Unificado de Operación y Atención de fallas Comunes

Figura A.1

Contenidos de cada Manual de Operación para un Equipo Determinado:

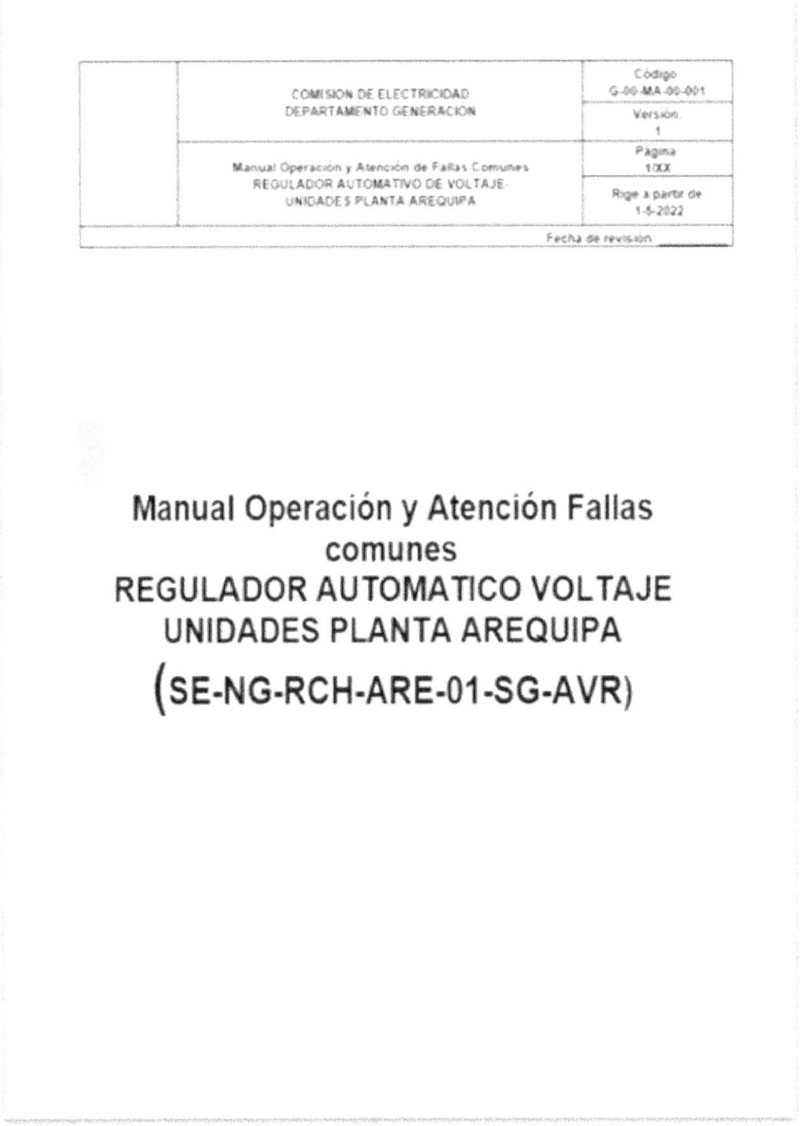

	COMISION DE ELECTRICIDAD DEPARTAMENTO GENERACIÓN	Código G-00-MA-00-001
		Versión 1
	Manual Operación y Atención de Fallas Comunes REGULADOR AUTOMATIVO DE VOLTAJE UNIDADES PLANTA AREQUIPA	Pagina 1/XX
		Rige a partir de 1-5-2022
		Fecha de revisión

**Manual Operación y Atención Fallas comunes
REGULADOR AUTOMATICO VOLTAJE
UNIDADES PLANTA AREQUIPA
(SE-NG-RCH-ARE-01-SG-AVR)**

Caratula del Manual de cada equipo según Taxonomía de la Planta. (Fuente: Propia)

Figura A.2

Contenidos de cada Manual de Operación según Taxonomía de Equipos.

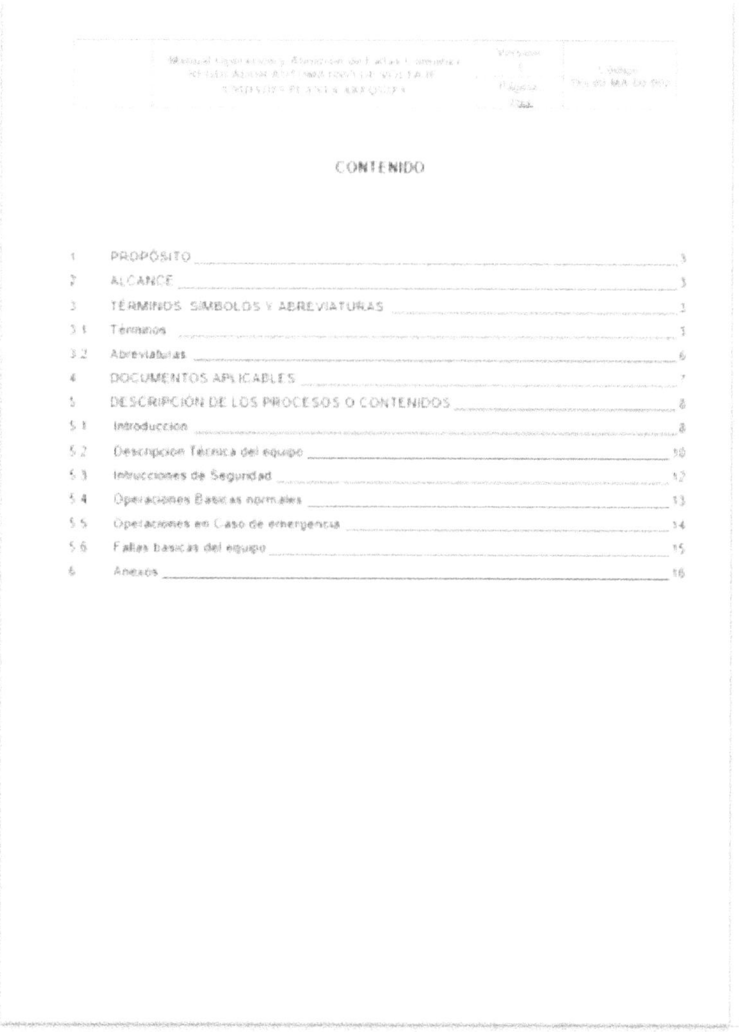

La figura muestra los contenidos estándar para cada Manual de Operación (Fuente: Propia)

Figura A.3

Caratula de Propuesta de Manual de Operación y Atención de Fallas.

COMISION DE ELECTRICIDAD DEPARTAMENTO GENERACIÓN	Código G-00-MA-00-001
	Versión 1
Manual Operación y Atención de Fallas Comunes UNIDADES PLANTA AREQUIPA	Página 1/XX
	Rige a partir de 1-5-2022
	Fecha de revisión

Manual Operación y Atención Fallas comunes

Planta Hidroeléctrica Arequipa

El documento propuesto incluiría código, versión y fecha de revisión (Fuente: Propia).

Figura A.4
Contenido de Manual Operación y Atencion de Fallas.

	Manual Operación y Atencion Fallas Comunes Planta Hidroeléctrica Arequipa	Versión: 1	Código:
		Página: 2 XX	

CONTENIDO

Contenido de Manual de Operación Propuesto para una planta hidroeléctrica

(Fuente: Propia).

Este Manual contendrá todos los manuales de los diversos equipos de la Planta generadora de Energía.

3.7.2. Anexo B:

Nociones de Mantenimiento:

Conceptos Generales del Mantenimiento.

Todo proceso industrial tiene por meta optimizar sus instalaciones, maquinaria y mano de obra, para esto dentro de las variables que siempre deben analizarse en toda empresa es el mantenimiento que le damos a nuestros activos.

¿Pero que es mantenimiento?

La palabra mantenimiento se emplea para designar las técnicas y actividades que en forma sistemática y organizada aseguran una correcta y continua utilización de las instalaciones, que incluyen edificaciones, maquinaria y demás elementos.

Algunas definiciones que nos acerca a la palabra mantenimiento serian:

- El Mantenimiento es lograr con los mínimos costos el mayor tiempo de servicio de las instalaciones y maquinaria productiva.

- Garantizar que todos los cambios e intervenciones que deben efectuarse en las instalaciones y maquinas se realicen en el momento necesario.

- El mantenimiento ideal es aquel que consigue en los años de servicio obtenga que la unidad de producción dé a la empresa su pleno rendimiento.

Tipos de mantenimiento: existen muchas clasificaciones o denominaciones para el mantenimiento, aquí explicaremos algunos de los más conocidos.

a.   **Mantenimiento Correctivo**: es aquel dirigido a corregir o reparar fallas de las instalaciones industriales y/o equipos de prestación de servicios y otros, después de que estos hayan ocurrido o llegado las piezas o conjuntos al final de su vida útil,   pudiendo este mantenimiento ser, planificado y no planificado.

Existen dos formas diferenciadas de mantenimiento correctivo: **el programado y no programado**. La diferencia entre ambos radica en que mientras el no programado supone la reparación de la falla inmediatamente después de presentarse, el mantenimiento correctivo programado supone la corrección de la falla cuando se cuenta con el personal, las herramientas, la información y los materiales necesarios y además el momento de realizar la reparación se adapta a las necesidades de producción. La decisión entre corregir un fallo de forma planificada o de forma inmediata suele marcar la importancia del equipo en el sistema productivo.

b.   **Mantenimiento Preventivo** se refiere a aquellas tareas de sustitución hechas a intervalos fijos independientemente del estado del elemento o componente. Está basado en la programación de trabajos en determinados intervalos o periodos de tiempo, tratando de anticiparse a la ocurrencia de fallas.

Las actividades periódicas como cambio de lubricante, filtro limpieza, mantenimientos mayores son programados sobre alguna base regular, como intervalos de tiempo, numero de partes producidas, horas de operación. Esto se realiza con la experiencia previa de los fabricantes o parte operacional y técnica especializada.

c. **Mantenimiento Predictivo** consiste en la búsqueda de indicios o síntomas que permitan identificar una falla antes de que ocurra. Por ejemplo, la inspección visual del grado de desgaste de una Zapata de freno es una tarea de mantenimiento predictivo, dado que permite identificar el proceso de falla antes de que la falla funcional ocurra. Estas tareas incluyen: inspecciones (Inspección visual), monitoreo (ej. vibraciones, medición de aislamiento eléctrico, ultrasonido), chequeos (ej. Temperaturas, nivel de aceite). Tienen en común que la decisión de realizar o no una acción correctiva depende de la condición medida.

Documentación base utilizada para el Mantenimiento:

Sea cual sea el Plan o Programa de mantenimiento que se plantee es importante contar entre otros con algunos de los siguientes documentos:

Manual del Fabricante: toda la información que suministra el fabricante, procedimientos, recomendaciones, repuestos clave y planos

Documentos y Planos previos: Estudios previos realizados por terceros a las instalaciones y maquinaria.

Experiencia del Personal: indudablemente el personal es quizás el recurso más valioso de toda empresa que nos dirá o dictará pautas para la realización de los mantenimientos

Información del Personal de Operación: las rutas de inspección, chequeos de entrada, salida de maquinaria o unidades, paradas, fallas, serán de suma importancia para establecer programas de mantenimiento.

3.7.3. Anexo C:

FORMATO DE PROCEDIMIENTO

A continuación se da un extracto de un procedimiento especializado (figuras C.1 y C.2)

Figura C.1.

	PROCEDIMIENTO SEGURO PARA TRABAJO ELÉCTRICO	Código: PGHS-005
		Versión: 1 G
		Página:1 18

1. **OBJETIVO:** Definir y documentar la metodología y actividades a realizar para asumir comportamientos seguros al realizar trabajos donde interviene la energía eléctrica.

2. **ALCANCE:** Aplica a todos los cargos participantes (incluidos los contratistas) en la prestación de servicios de la empresa. que realicen actividades que involucren trabajos eléctricos en media y baja tensión.

3. **CONDICIONES GENERALES:**
Los incidentes ocurridos en los trabajos en los que interviene la energía eléctrica. se convierten con facilidad en accidentes graves y mortales. En los accidentes en los que el trabajador sufre una electrocución. la probabilidad de fallecimiento es alta (supera el 90% de los casos). Por lo que se ha creado este procedimiento para guiar a los empleados que realizan este tipo de trabajo, buscando minimizar sus riesgos. La Resolución 1348 de 2009 – "Por la cual se adopta el Reglamento de Salud Ocupacional en los Procesos de Generación, Transmisión y Distribución de Energía Eléctrica on las empresas del sector eléctrico". establece las medidas de seguridad para prevención de riesgo eléctrico. en la energización o desenergización de un equipo o instalación eléctrica: las cuales deben ser aplicadas con carácter obligatorio por todo el personal que de una u otra forma tiene responsabilidad sobre los equipos e instalaciones intervenidos.

4. CONTENIDO.

4.1 PRECAUCIONES PARA REALIZAR TRABAJO ELECTRICO

4.1.1 ANTES DE REALIZAR EL TRABAJO

Toda actividad de mantenimiento preventivo y correctivo y ejecución de toda maniobra de operación, debe tener un procedimiento. Deben considerarse los factores de riesgo y su control en las condiciones normales y las condiciones de emergencia posibles que puedan presentarse. Preferiblemente. estos procedimientos se verificarán mediante listas de chequeo a modo de guía para el personal que interviene las instalaciones y los equipos.

Las personas que se asignen para la realización de trabajo que implique riesgo eléctrico. deben contar con el perfil requerido. de acuerdo al Manual de Funciones, y tener una inducción completa teórica y práctica sobre las actividades a realizar. Como medida de prevención requerida por la Resolución 1348 de 2009, se realiza la habilitación o autorización del personal para realizar trabajos eléctricos, según lo establecido en el Procedimiento Gestión talento Humano PGHI-001. Adicionalmente. los trabajadores en proceso de inducción. capacitación o entrenamiento, o practicantes, desarrollarán trabajos con la dirección de una persona experimentada quien permanecerá en el lugar de trabajo: dicho acompañamiento debe darse hasta que se tenga la seguridad de que la persona en formación cumple las normas y realiza el trabajo con calidad y seguridad.

Figura C.2

	PROCEDIMIENTO SEGURO PARA TRABAJO ELÉCTRICO	Código: PGHS-005
		Versión: 1/G
		Página:18/18

RESPONSABLES	FUNCIONES
(SGI) / Coordinador SGI	necesidades y ampliación de las actividades. - Verificar periódicamente el cumplimiento de este procedimiento.

5. RESPONSABLE

Los responsables de velar por la aplicación, cumplimiento, realización y hacer modificaciones a este procedimiento son la Coordinación de Gestión del Talento Humano, Directores de Proyecto, Coordinadores Administrativos y/o la Gerencia o quien se encuentre a cargo.

6. REGISTROS:

PGHS-005-01 Inspección de Trabajo Eléctrico
PGHS-005-02 Lista de Verificación para Trabajo de Alto Riesgo
PGHS-005-03 Permiso para Trabajo Eléctrico en Alturas (Para actividades en sitio especifico)
PGHS-005-04 Permiso para Trabajo Eléctrico en Alturas (Para actividades repetitivas)

7. ANEXOS:

ANEXO 1: Distancias mínimas para trabajos en líneas energizadas
ANEXO 2: Guía de uso de Guantes Dieléctricos
ANEXO 3: Actividades de Mantenimiento (modelos)

8. DOCUMENTOS DE REFERENCIA

- Instructivo para el cuidado, mantenimiento y/o inspección de equipos, elementos, herramientas, vehículos e instalaciones IGII-001
- Procedimiento Seguro para Trabajo en Alturas PGHS-002

Formato de Procedimiento especializado (Tamariz, Luis. Procedimiento seguro para trabajos electricos.2014,
https://www.academia.edu/37088515/PROCEDIMIENTO_SEGURO_PARA_TRABA
JO_EL%C3%89CTRICO)

En las figuras anteriores se muestra un modelo de procedimiento; existe infinidad de formas de realizarlo. Nuestra empresa podrá establecer procedimientos, protocolos o instrucciones en formatos estandarizados que le permitan guiar a sus empleados contando con una Guía para ejecutar las diversas tareas de mantenimiento u operación. Unificar estos manuales en diferentes Manuales según sea el equipo se vuelve estrategia para la elaboración de los diversos manuales técnicos.

3.7.4. Anexo D:

GLOSARIO TECNICO:

Energía Eólica: Fuente de energía donde se convierte la fuerza del viento para convertirla en energía eléctrica.

Energía hidroeléctrica: Fuente de energía donde se aprovecha la fuerza del agua en movimiento para convertirla en energía eléctrica.

ISO: Siglas en ingles de Organización internacional para la estandarización

Mantenimiento: consiste en la realización de una serie de actividades, como reparaciones y actualizaciones, que permiten que el paso del tiempo no afecte al rendimiento de un bien de capital.

Mantenimiento predictivo: es el monitoreo de la condición para predecir la ocurrencia de un fallo incluso antes de que ocurra, lo que significa.

Mantenimiento preventivo: tareas que se planifican y ejecutan en los equipos para garantizar que no se produzcan fallos y mitigar las consecuencias de las averías

Mantenimiento correctivo: conjunto de tareas técnicas destinadas a corregir las fallas en equipos o instalaciones que demuestran la necesidad de reparación o reemplazo.

Operación: implica llevar a cabo un conjunto de pasos o procesos para lograr un resultado deseado en cualquier área de actividad.

Organigrama: representación gráfica de la estructura jerarquizada en una organización en donde se evidencian los diversos niveles de jerarquía.

Proceso: secuencia ordenada de pasos o fases que se ejecutan en un determinado orden

Sistema de Gestión de Calidad: conjunto de normas y reglas internacionales a los que se somete una organización para de mejorar sus procesos internos.

Software: vocablo de origen inglés, que hace referencia a un programa o conjunto de programas de cómputo, así como datos, procedimientos y pautas que permiten realizar distintas tareas en un sistema informático.

Taxonomía: ciencia que estudia los principios, métodos y fines de la clasificación.

Voltaje: magnitud que da cuenta de la diferencia en el potencial eléctrico entre dos puntos determinados.

RECOMENDACIONES FINALES

La idea de escribir este Manual es tener una noción básica de cómo realizar un Manual para Operación y/o Mantenimiento. Existen muchas formas de hacerlo, pero aquí pretendemos que sea de una forma ágil, ordenada y estandarizada.

Este Manual no pretende sustituir ninguna norma o estándar, pero si enfocarse de una manera que nos permita que nuestra empresa cuente con un documento adecuado e integral de los productos que ofrecemos.

En empresas de cierta envergadura es recomendable realizar manuales para cada sistema por separado y si es del caso unificarlos en un Manual integrado.

Con la elaboración de un manual técnico y cada vez que se dé una actualización se sugiere una inducción o capacitación asociada. El entrenamiento continuo se vuelve clave en la seguridad y entendimiento de las instrucciones del Manual.

Al ser los equipos y/o procesos muy cambiantes, contar con versión, control de cambios es algo que debemos procesar en la documentación de todos los manuales.

Las tecnologías de información como internet, sitios web, intranet se vuelven muy valiosos, lo que hace que estas herramientas sean aspectos para considerar para que nuestros clientes o usuarios tengan acceso fácil a todo tipo de manuales que se cuenten en nuestra empresa.

Sin duda alguna contar con un comité multidisciplinario (técnicos e ingenieros de Operaciones, mantenimiento, calidad, seguridad industrial) para desarrollar nuestros manuales hará que nuestra obra sea de gran riqueza y garantía para su consulta.

BIBLIOGRAFÍA

Buelvas, Diaz Camilo (2014), Elaboración de un Plan de Mantenimiento preventivo. http://repositorio.uac.edu.co/handle/11619/813

ENEL GREEN POWER (2021), *La Energía hidroeléctrica, Roma,* Italia
https://www.enelgreenpower.com/es/learning-hub/energias-renovables/energia-hidroelectrica.

FUJI ELECTRIC CO. (1977). *Instruction Manual Operation and maintenance.* Planta Arenal, Instituto Costarricense de Electricidad.

INFRASPEAK (2021), *Manual de Operación y Mantenimiento. España* En:
https://blog.infraspeak.com/es/manual-de-operacion-y-mantenimiento.

Graham Kellog.(2022),Concepto *de Manual, España*
http://www.buenastareas.com/ensayos/Concepto-De-Manual/709603.html ,
[Consulta

Negocio Generación, Manual Sistema Integrado Gestión 2020.
https://icetel.sharepoint.com/sites/Generacion.

Organización Internacional de Normalización. (2015). *Sistemas de Gestión de Calidad.* INTE ISO 9001-2015 SISTEMAS DE GESTION DE LA CALIDAD (REGISTROS).pdf (sharepoint.com)

Planta Arenal (2018), *Manual de Operación del Proceso Sistemas Auxiliares Planta Arenal,*
\\spesfss02\fs02\Reg_Chorotega\ARDESA\00 ARDESATE\00 Manuales 2.1 ARDESA\Arenal

Softgrade (2021),*Manual de Operaciones*, México En:
https://softgrade.mx/manual-de-operaciones/